DE ONDE VEM PARA ONDE VAI

A Poluição

C. Vance Cast
Ilustrado por Sue Wilkinson

callis

Ei, cuidado! Que sujeira... Ah, oi, eu sou o Eugênio. Meu gato Mel e eu estamos parados aqui perto da estrada e alguém acabou de jogar lixo para fora de um carro. Lixo é o *resíduo sólido* que causa a *poluição.* A poluição produzida pelo lixo está ferindo o nosso planeta, deixando-o feio.

Mas os resíduos sólidos não são o único tipo de poluição que existe. Você consegue pensar em algum outro tipo?

Existe a *poluição do ar.*

A *poluição da água.*

Bem, você já deve ter adivinhado que cada tipo de poluição tem uma causa diferente. No entanto, normalmente a poluição origina-se de pessoas como você e eu, das coisas que usamos e do lixo que produzimos. É por isso que todos nós devemos aprender a fazer a nossa parte para evitar o máximo de poluição que pudermos.

Quando uma usina de energia queima óleo e carvão nas caldeiras para produzir eletricidade, a fumaça sobe e fica acumulada no ar.

Quando ligamos o motor de carros, barcos e aviões, gases perigosos saem pelo cano de escapamento.

Nos países de clima muito frio, o óleo ou o gás natural é queimado para aquecer casas, escolas e edifícios de escritórios. Quando isso acontece, gases e partículas poluentes saem pelas chaminés.

Até mesmo quando o lixo é queimado em incineradores, a fumaça e os gases nocivos produzidos são espalhados no ar. Você deve saber também que a fumaça dos cigarros é muito perigosa, principalmente em ambientes fechados.

Nas cidades, frequentemente a poluição se transforma em uma mistura de neblina com fumaça, que faz nossos olhos arder, fere nossos pulmões quando respiramos e pode causar dor de cabeça.

A fumaça pode conter também vapores ácidos. Esses vapores sobem para o céu e misturam-se com a chuva, formando a *chuva ácida*.

Quando a chuva ácida cai na terra, ela mata plantas e árvores. Em alguns lugares do mundo, florestas inteiras estão morrendo. Isso está acontecendo, por exemplo, na Floresta Negra, que fica na Alemanha.

Quando a chuva ácida cai em riachos ou lagos, ela mata os peixes e também outros animais e plantas. Lagos inteiros estão morrendo por causa da chuva ácida.

Todos nós precisamos de água limpa e saudável para viver, mas, todos os dias, as reservas de água estão sendo poluídas. Muitas fábricas despejam grande quantidade de lixo nos lagos e nos rios.

As substâncias químicas produzidas pelas fábricas e pelo lixo podem tornar a água perigosa para beber. Além disso, não se pode nadar ou pescar em águas que podem causar doenças.

Quando os fazendeiros usam *pesticidas* para matar os insetos que destroem as plantações, substâncias químicas penetram a terra e poluem a água que fica no subsolo. Algumas dessas substâncias chegam até os rios, lagos e reservatórios.

Todas as vezes que apertamos a descarga do banheiro, produzimos esgoto. Muitas cidades tratam seus esgotos, mas, mesmo depois de tratado, ele ainda pode conter substâncias prejudiciais.

Talvez você nunca tenha pensado que o barulho é um tipo de poluição, mas é. Nas cidades, há poluição sonora em todos os lugares. O barulho vem dos aviões, dos automóveis, dos trens, das construções e até mesmo das pessoas.

O barulho alto pode prejudicar a audição.
Um barulho muito alto, se ouvido por muito tempo,
pode até causar surdez. Os cientistas dizem que
o barulho pode causar também outros problemas
de saúde, como estresse e pressão alta.

É claro que a poluição que nós mais vemos e da qual mais ouvimos falar é a causada pelos resíduos sólidos. Como o barulho, ela também está por toda parte. Você consegue pensar em lugares onde não há lixo ou outros resíduos sólidos? A poluição está mesmo por todos os lados!

Minha amiga Renata e eu encontramos algumas embalagens de comida e também latas de refrigerante sujando nosso parque. Além disso, alguém podia ter se machucado gravemente por causa daquela garrafa quebrada.

Nós também encontramos papel e plástico flutuando no lago. Um pato poderia ter se enroscado nessa embalagem de latinhas e ter se afogado.

E, como você viu no começo, eu também encontrei bastante lixo perto da estrada.

É claro que o lugar correto para todo esse lixo é a lata de lixo. Mas, mesmo quando tudo é recolhido e levado para o depósito, o problema não acaba. Os depósitos já estão muito cheios para armazenar todos os resíduos produzidos.

Nos depósitos de lixo, existem baratas, ratazanas e outros animais que transmitem doenças. Algumas vezes, as pessoas também jogam fora tinta velha, baterias e inseticidas: essas coisas podem vazar para a terra e contaminar a água do subsolo. Então, o que fazer com todo esse lixo?

E, se continuarmos a levar o lixo para os depósitos, poluiremos mais o solo.

Assim, como você vê, a poluição causada pelos resíduos sólidos é um problema difícil de ser resolvido.

Nós podemos diminuir a poluição do ar usando menos os automóveis, andando mais a pé e pedalando mais. E, se muitas pessoas tiverem que ir para um mesmo lugar, elas podem usar o mesmo carro.

Quando quarenta pessoas pegam um ônibus, em vez de cada uma usar um carro, nesse caso, apenas um motor funciona e produz fumaça, em vez de quarenta.

A melhor coisa que podemos fazer para diminuir a poluição causada por resíduos sólidos é produzir menos lixo. Quando fazemos compras, podemos escolher os alimentos e as bebidas que tenham embalagens mais simples. Podemos também tentar fazer com que as coisas que temos durem mais. Até mesmo panos velhos podem ser lavados e usados novamente.

Nós podemos reutilizar uma parte de nosso lixo fazendo *reciclagem*. Latas de alumínio podem ser fundidas e o alumínio pode ser usado novamente. Jornais e papelão podem ser triturados e usados para a fabricação de novos produtos feitos com papel. Vidro pode ser derretido e usado para fazer novas garrafas e também materiais para a construção de estradas. Até mesmo pneus velhos podem ser reciclados.

A poluição da água costuma ser muito difícil de ser eliminada. Se a água do subsolo for poluída, pode não haver meio de limpá-la novamente.
É muito importante evitar ao máximo a poluição da água.

Então, se por acaso você tiver qualquer lixo que possa contaminar a terra, como pilhas ou frascos de inseticida, isso não deve ser jogado no lixo comum, pois precisa de um tratamento diferente. Entre em contato com a prefeitura de sua cidade e descubra o que deve ser feito com esse tipo de lixo.

Poluição não é um assunto agradável, mas espero que você tenha aproveitado para aprender um pouco sobre sua origem. Aqui está uma experiência que você pode fazer para observar a poluição do ar.

Para fazer medidores de poluição, recorte a face da frente e a de trás de três caixas de leite.

Lave a parte de dentro das caixas de leite e seque bem.

Recorte quatro pedaços de um tecido branco, do tamanho da abertura feita nas caixas.

Espalhe uma fina camada de vaselina no centro de cada pedaço de tecido.

Prenda um pedaço de tecido na abertura de cada uma das caixas, deixando a parte com a vaselina para dentro. O quarto pedaço de tecido será utilizado como *controle* da experiência.

Você pode então prender uma cordinha na parte de cima de cada caixa.

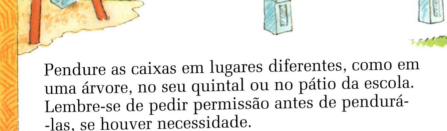

Pendure as caixas em lugares diferentes, como em uma árvore, no seu quintal ou no pátio da escola. Lembre-se de pedir permissão antes de pendurá-las, se houver necessidade.

Lembre-se de deixar o tecido de controle em sua casa, em um lugar limpo e seco.

Depois de aproximadamente um mês, recolha as caixas e compare os tecidos de cada uma com o tecido de controle. Há alguma diferença na cor? Algum dos tecidos parece sujo? Você consegue dizer por que eles estão diferentes?

Você pode pendurar as caixas com os tecidos em diferentes lugares para ver o resultado. E, lembre-se, sempre compare os tecidos dos medidores de poluição com o tecido de controle.

Espero que você tenha se divertido! Até a próxima!

Glossário

chuva ácida: Chuva que contém ácido sulfúrico ou nítrico. A chuva ácida mata plantas e animais selvagens. Ela é formada geralmente por causa da poluição do ar produzida pelas fábricas.

controle: Algo que seja idêntico àquilo que estiver sendo testado em uma experiência científica, sendo que a única diferença entre o teste e o controle deve ser a não alteração, no controle, do fator que está sendo pesquisado. Por exemplo, para saber se um tecido com vaselina absorveu a sujeira do ar em um lugar poluído é preciso compará-lo com um pedaço idêntico de tecido com vaselina, que tenha sido guardado em um lugar limpo durante o tempo da experiência. Ou seja, quando o controle é comparado ao teste depois da experiência, as diferenças existentes ficam evidentes.

pesticidas: Substâncias químicas usadas para matar insetos e roedores. Geralmente, pesticidas são venenos que podem também fazer mal para as pessoas.

poluição: Qualquer substância não natural em nosso ambiente que possa ser perigosa para plantas e animais.

poluição da água: Substâncias na água, que a torna perigosa para pessoas, plantas e animais. Resíduos produzidos por fábricas, pesticidas, chuva ácida e lixo podem causar poluição na água.

poluição do ar: Fumaça, gases ou partículas no ar, que o tornam sujo ou perigoso para a respiração.

poluição do solo: Substâncias tóxicas ou resíduos sólidos presentes no solo que podem provocar doenças e também contaminar as águas.

poluição sonora: Quando automóveis, buzinas, rádios, máquinas e outros aparelhos fazem barulho elevado e contínuo, a poluição sonora é produzida. Geralmente não pensamos que o barulho possa nos prejudicar, mas ele pode afetar a nossa audição e causar outros problemas de saúde.

reciclagem: Processo feito para que se possa reutilizar algo. Por exemplo, latas velhas de alumínio podem ser fundidas para a fabricação de novas latas.

resíduo sólido: Outra forma de nomear o lixo.